目录

- 恐龙时代的强者 ………………… 4
- 冰期的幸存者 …………………… 6
- 三角洲的居民 …………………… 8
- 悬崖峭壁上的勇士 ……………… 10
- 隐秘角落里的能手 ……………… 12
- 南极洲的生命奇迹 ……………… 14
- 夜幕下的活跃身影 ……………… 16

珊瑚礁里的生存术……………………………18

生活在淡水水域……………………………20

生活在沿海水域……………………………22

扎根美洲沙漠………………………………24

深海的"绿洲"………………………………26

恐龙时代的强者

据说大约 6500 万年前,一颗陨石撞向了地球,当时大多数的大型动物都灭绝了,现在我们只能通过它们留下的化石遗骸来了解它们。图中的很多动物,你一定都认识吧!

有 2 个"入侵者",它们不属于这里,但没那么容易被发现,你可得仔细找找!

翼龙是会飞的爬行动物,它有许多种类。
请你找出另外 7 只翼龙吧!

梁龙体重可达 20 吨,然而当时恐龙家族中还有比它更重的!
请你找出另外 6 头梁龙吧!

人们认为副栉龙的头冠是它的发声器,也许副栉龙就是用它与同伴交流信息的。
你能找到另外 6 头副栉龙吗?

霸王龙曾是陆地上最大的捕食者之一,也是恐龙中的"大明星"。
你能找到另外 4 头霸王龙吗?

敏捷的迅猛龙扑到猎物身上,用它又长又弯的爪子牢牢钩住猎物。
请你找出另外6头迅猛龙吧!

三角龙用它头上强有力的角抵御敌人的攻击。
请你找出另外5头三角龙吧!

冰期的幸存者

在过去的 100 万年里，地球上的气候经历了很多次寒冷与温暖的交替变化。在被称为冰期的极寒时期，整个欧洲几乎被冰雪覆盖，只有耐寒能力很强的动物才能生存下来。

有 2 只小动物不属于这里，显得有点格格不入。你能把它们找出来吗？

牛的祖先是原牛，但现在已经灭绝了。
请你找出另外 4 头原牛吧！

剑齿虎在捕猎时，它长长的上犬齿能深深地刺入猎物的身体中。
你看到另外 8 头剑齿虎了吗？

大角鹿头上的那对鹿角硕大无比，但由于鹿角太过笨重，这倒也成了一个负担！
请你找出另外 5 头大角鹿吧！

猛犸象的外形和大象相似，它身上披着厚厚的长毛，长着一对极为壮观的长牙。
请你找出另外 7 头猛犸象吧！

欧洲野牛扛过了冰期，至今依然存在。
你能找到另外 5 头欧洲野牛吗？

披毛犀（又名"长毛犀牛"）全身厚重的皮毛能帮助它抵御严寒。
请你找出另外 5 头披毛犀吧！

三角洲的居民

一些河流入海口形成了沼泽地，这些沼泽地成了动物们壮阔的栖息地，尤其成为鸟类的天堂。另外，这里也居住着许多罕见的动物，你可以在图中看到一些。

颌针鱼的身体又细又长，体长可达 1.2 米。
你能找到另外 5 条颌针鱼吗？

有 1 个"入侵者"，它不属于这里，好像来自北极哟！你发现它了吗？

鹤在较浅的水中嬉戏、觅食。
请你找出另外 6 只鹤吧！

海牛是濒危动物，摩托艇的螺旋桨杀死了很多海牛！
请你找出另外 5 头海牛吧！

粉红琵鹭将喙放进水里，搜寻螃蟹、小虾或小鱼吃。
请你找出另外 5 只玫瑰琵鹭吧！

"游泳健将"水獭是沼泽地中的捕鱼能手。
你看到另外 7 只水獭了吗?

白头海雕(又名"美洲雕")是美国的国鸟。
请你找出另外 5 只白头海雕吧!

悬崖峭壁上的勇士

很多鸟在高高的岩壁上筑巢并养育后代，居住在海边的它们不需要为食物发愁。它们当中有些可是捕鱼能手呢！你认识图中的这些鸟吗？

有1个来自非洲大草原的"入侵者"悄悄混进来了！你能把它找出来吗？

海鸦从岩石堆上观察四周，等待捕食的时机。
右图中还有6只海鸦，你看到它们了吗？

海鹦的喙的形状和颜色是它与众不同的"名片"。
请你找出另外10只海鹦吧！

海雀是已灭绝的北极企鹅（大海雀）的"近亲"。
请你在右图中找出8只海雀吧！

燕鸥能潜入水中捕鱼吃。
请你在下图中找出7只燕鸥吧！

鸬鹚通常会飞到沿海地带过冬。
请你在下图中找出8只鸬鹚吧！

海鸥是伟大的"海上清洁工"。
你能在下图中找到8只海鸥吗？

隐秘角落里的能手

许多动物通过在地上打洞、在树干上挖洞，或利用它们能找到的任何藏身地来搭建自己的小窝。小窝良好的防护性对于它们养育后代来说至关重要。

有1个"入侵者"，它进不了这里任何一个动物的藏身地，你看到它了吗？

鼹_{yǎn}鼠长时间生活在地下，它的眼睛几乎看不见东西，只能分辨出一点儿光线。

你能找到另外5只鼹鼠吗？

啄木鸟可以用它结实的喙在树干上啄洞筑巢，并在巢穴中孵化幼鸟。

你能找到另外8只啄木鸟吗？

老鼠的适应能力极强，它能利用废弃的巢穴来藏身。

请你找出另外7只老鼠吧！

獾_{huān}的巢穴非常大，结构错综复杂。白天它很少出来活动。

请你找出另外7只獾吧！

蜥蜴可以藏在石堆、墙缝，还有那些不可思议的角落。
请你找出另外 6 只蜥蜴吧！

兔子的巢穴宛如地下迷宫。这样的巢穴，有利于它繁育很多幼崽。
请你找出另外 8 只兔子吧！

南极洲的生命奇迹

南极洲位于地球的南端，是一片几乎被冰雪覆盖的大陆。南极洲的陆地上动物的种类不多，但水域中动物的种类却不少，陆地上的动物们常常在水中捕食。你一定认识其中的一些动物！

海象的一对大长牙是它最具辨识度的特征。
请你找出另外 10 头海象吧！

有 2 个"入侵者"不属于这里，看起来格格不入。请你把它们找出来吧！

海狮在陆地上十分笨拙，在水中却是无比灵活的"游泳健将"。
你能找出另外 5 头海狮吗？

企鹅能潜入很深的水中捕鱼。
请你找出另外 21 只企鹅吧！

信天翁是世界上翅膀最长的鸟，两个翅膀展开后有 3 米多长！
请你找出另外 16 只信天翁吧！

南极洲有好几种海豹，它们以小型甲壳类动物、章鱼甚至企鹅为食。
请你找出另外9头海豹吧！

虎鲸在极地海域觅食，但热带海域也是它的栖息地。
你能找到另外8头虎鲸吗？

夜幕下的活跃身影

夜幕降临，但森林并未沉睡，昼伏夜出的动物们开始活跃起来。对于很多捕食者来说，此时正是捕获猎物、享用晚餐的大好时机。因此，猎物们必须充分调动视觉、听觉、嗅觉、味觉、触觉来保护自己，以免被吃掉。你认识图中所有的动物吗？

有1个"入侵者"你一定认识，请你把它找出来吧！

猫头鹰有着极其灵敏的听觉，能够在漆黑的环境中准确判断出猎物的具体位置。
你能找到另外5只猫头鹰吗？

雕鸮(xiāo)是"暗夜猎手之王"。
请你找出另外3只雕鸮吧！

蝙蝠虽然看起来很可怕，但对人类没有攻击性，它以昆虫为食。
请你把另外7只蝙蝠找出来吧！

獾和伶鼬同属一个家族,
不过獾的个头比伶鼬大多了。
请你找出另外 6 只獾吧!

伶鼬个头虽小,
但它可是令人生畏的捕鼠高手。
请你找出另外 7 只伶鼬吧!

17

珊瑚礁里的生存术

在热带海域的浅水区生长着珊瑚礁,它是地球上生物种类最丰富的环境之一。珊瑚礁里有些动物凶猛无比,有些动物光彩夺目。

小丑鱼躲在珊瑚丛中,捕食者难以分辨。

你能找到另外6条小丑鱼吗?

有1个"入侵者"隐藏得很好,你看到它了吗?

蝴蝶鱼又瘦又扁,可以穿梭于珊瑚礁中的任何角落。

你看到另外7条蝴蝶鱼了吗?

镰鱼睡觉时,身体的颜色会随周围环境而改变。

请你找出另外6条镰鱼吧!

海鳝藏在洞里,捕食时能迅速从洞里钻出来。

请你找出另外5条海鳝吧!

18

蝠(fèn)鲼是鲨鱼的"近亲",体型巨大,但它没有攻击性。
请你找出另外4头蝠鲼吧!

鲨鱼是珊瑚礁里的"霸王"。
请你找出另外7头鲨鱼吧!

生活在淡水水域

温带森林中的河流与湖泊吸引了许多动物，有些动物一生都在这片水域生活，有些动物栖息在离水源不远的地方。动物无论体型大小，水对它们来说都十分宝贵。你一定也清楚水的重要性吧！

有 2 个来自侏罗纪公园的"入侵者"悄悄混进来了，请你把它们找出来吧！

河狸是动物界的"基建狂魔"，会啃断植被来建造水坝。
你能找到另外 6 只河狸吗？

棕熊用爪子抓挠树干留下痕迹，以此来标记自己的领地。
请你找出另外 7 头棕熊吧！

鹭在冬季会迁徙到亚热带、热带地区过冬。
请你找出另外 8 只鹭吧！

水蛇虽然没有毒，但你还是不要去惊扰它为妙。
你看到另外 5 条水蛇了吗？

20

为了繁殖后代，鲑鱼必须千里迢迢地游至河流上游产卵。
下面的大图中有 7 条鲑鱼，你看到它们了吗？

成群的野鸭在天空中飞翔，它们优雅的身姿为天空增添了一抹亮色。
请你在下图中找出 9 只野鸭吧！

生活在沿海水域

海岸附近的海水较浅，阳光充足，习惯了海浪摇曳的动物们在这里找到了理想的归宿。请你在图中找出这些动物们吧！

有1个"入侵者"，它似乎在找哪里有树可以躲起来。请你把它找出来吧！

贻贝是沿海地区最多的软体动物之一。
请你在下面的大图中找出6群贻贝吧！

龙虾和虾都很美味，但龙虾比虾"威武"多了！
你能找到另外6只龙虾吗？

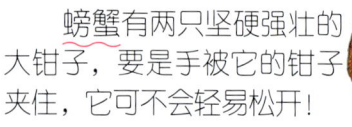

螃蟹有两只坚硬强壮的大钳子，要是手被它的钳子夹住，它可不会轻易松开！
请你找出另外8只螃蟹吧！

海胆身上布满了尖刺可以保护自己。
请你找出另外11只海胆吧！

海星有许多不同的种类,它们专门捕食体型较小的动物。
你能在下面的大图中找到 5 只海星吗?

蛤蜊(gé lì)"潜伏"在海底,不太引人注目。
请你在下面的大图中找出 14 只蛤蜊吧!

帽贝像吸盘一样吸附在岩石上。
请你在下图中找出 12 只帽贝吧!

扎根美洲沙漠

在美国西部电影中,这样的画面经常出现:两个骑手在炎炎烈日下骑着马,热气蒸腾,荒野苍茫。但你可别搞错了:美洲沙漠可是生机勃勃的。

有 2 只陌生的鸟儿悄悄混入图中了,请你把它们找出来吧!

西貒(tuān)与野猪外形相似,但它比野猪更耐热。
请你找出另外 5 头西貒吧!

郊狼的嚎叫声在夜晚此起彼伏。
你能找到另外 7 匹郊狼吗?

兀鹫(jiù)在沙漠上空盘旋,搜寻腐肉。
你看到另外 5 只兀鹫了吗?

吉拉毒蜥外表看起来很可怕,而且它是有毒的!
请你找出另外 4 只吉拉毒蜥吧!

乌鸦不是沙漠中的鸟类,但有一些乌鸦会去沙漠探险。
请你找出另外 7 只乌鸦吧!

响尾蛇毒性极强，想必是沙漠中最危险的动物之一。
请你找出另外 6 条响尾蛇吧！

北美的狼蛛没有毒性。
你能找到另外 4 只狼蛛吗？

黑尾长耳大野兔能在沙漠里飞快地奔跑。
请你找出另外 6 只黑尾长耳大野兔吧！

25

深海的"绿洲"

海底大部分区域都是一片"荒漠"。然而，海底"烟囱"（深海热液喷口）附近却是"生命绿洲"。这里的许多动物都是白色的，它们几乎什么都看不见，因为在这么深的海底没有一丝光线。

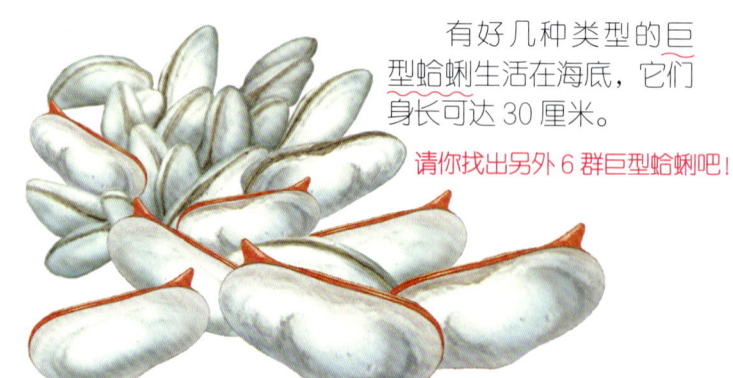

有好几种类型的巨型蛤蜊生活在海底，它们身长可达 30 厘米。

请你找出另外 6 群巨型蛤蜊吧！

有 3 个"入侵者"，你看到它们了吗？

这种大型蠕虫名为巨型管虫，它们生活在白色的"管"中，总是成群结队的。

你看到另外 8 群巨型管虫了吗？

这种螃蟹以巨型管虫的红色肉头为食。

请你把另外 7 只螃蟹找出来吧！

深海贻贝是一种巨型贻贝，外壳呈黄色。
请你找出另外 8 群深海贻贝吧！

深海铠甲虾长得像龙虾，却是寄居蟹的"亲戚"。
请你找出另外 5 只深海铠甲虾吧！

这种鱼名为鳁（wèi），以管虫为食。
请你找出另外 9 条鳁吧！

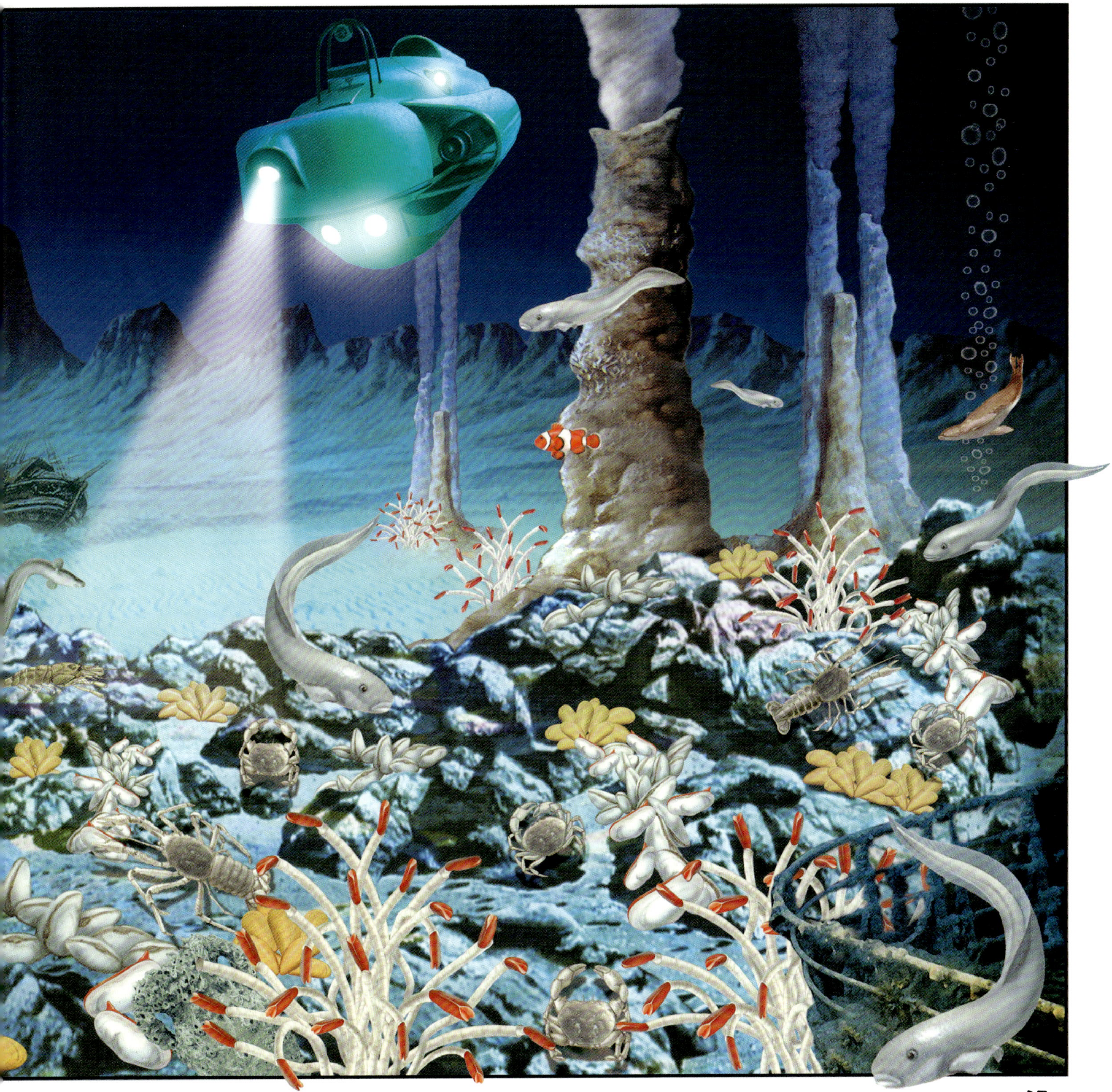

著作权合同登记号：图字13-2022-099号

本书中文简体版经西班牙SUSAETA EDICIONES S.A.授权，由福建科学技术出版社出版，未经书面授权不得以任何形式复制、转载。
本书限在中华人民共和国境内销售。

图书在版编目（CIP）数据

动物世界大探秘. 多样的生存高手 /（西）苏塞塔编著；赵玉瑶译. —— 福州：福建科学技术出版社，2024.7
ISBN 978-7-5335-7165-8

Ⅰ.①动… Ⅱ.①苏… ②赵… Ⅲ.①动物 – 儿童读物 Ⅳ.①Q95-49

中国国家版本馆CIP数据核字(2024)第013086号

出 版 人	郭　武
责任编辑	柴亚丽　李国渊
装帧设计	吴　可
责任校对	王　钦

动物世界大探秘：多样的生存高手
DONGWU SHIJIE DA TANM：DUOYANG DE SHENGCUN GAOSHOU

编　　著	〔西〕苏塞塔
译　　者	赵玉瑶
出版发行	福建科学技术出版社
社　　址	福州市东水路76号（邮编350001）
网　　址	www.fjstp.com
经　　销	福建新华发行（集团）有限责任公司
印　　刷	中华商务联合印刷（广东）有限公司
开　　本	635毫米×965毫米　1/8
印　　张	4
图　　文	32码
版　　次	2024年7月第1版
印　　次	2024年7月第1次印刷
书　　号	ISBN 978-7-5335-7165-8
定　　价	39.80元

书中如有印装质量问题，可直接向本社调换。
版权所有，翻印必究。